ISBN 978-3-662-24587-3 ISBN 978-3-662-26739-4 (eBook)
DOI 10.1007/978-3-662-26739-4

Die in den Sitzungsberichten Abtlg. I und Abtlg. II der math.-nat. Klasse der Österr. Ak. d. Wiss. erscheinenden Abhandlungen werden auch einzeln abgegeben. Sie können durch jede Buchhandlung oder direkt durch die Auslieferungsstelle der Österreichischen Akademie der Wissenschaften (Wien I, Singerstraße 12) bezogen werden.

Nachfolgende Abhandlungen aus dem Fach der **Zoologie** sind erschienen:

1959 (S I Bd. 168):

Löffler Heinz: Zur Limnologie. Entomostraken- und Rotatorienfauna des Seewinkelgebietes (Burgenland, Österreich) (mit 5 Textabbildungen und 4 Tafeln). S 60.20

Remaudière Georges: Zoologisch-systematische Ergebnisse der Studienreise von H. Janetschek und W. Steiner in die spanische Sierra Nevada 1954. XI. Homoptera, Aphidoidea (mit 12 Textabbildungen). S 9.70

Schubart Otto: Zoologisch-systematische Ergebnisse der Studienreise von H. Janetschek und W. Steiner in die spanische Sierra Nevada 1954. XII. Diplopoda (mit 9 Textabbildungen). S 16.50

Schuster Reinhart: Ökologisch-faunistische Untersuchungen an den bodenbewohnenden Kleinarthropoden (speziell Oribatiden) des Salzlachengebietes im Seewinkel (mit 6 Textabbildungen). S 45.40

Steiner Walter: Zoologisch-systematische Ergebnisse der Studienreise von H. Janetschek und W. Steiner in die spanische Sierra Nevada 1954. X. Springschwänze (Collembola) (mit 5 Textabbildungen). S 12.90

Wettstein-Westersheimb Otto: Die alpinen Erdmäuse. S 10.—

1960 (S I Bd. 169):

Abel W.: Biophysikalische Gesetzmäßigkeiten am Vogelei (Das Aktivstufengesetz und Energiegesetz) (mit 20 Abbildungen, davon 2 Abbildungen auf 1 Tafel). S 60.—

Nemenz H.: Experimente zur Ionenregulation der Larve von Ephydra cinerea Jones (Dipt.) (mit 7 Textabbildungen). S 20.30

Viets O. Kurt: Kleine Sammlungen von Wassermilben (Hydrachnellae und Porohalacaridae aus Österreich (mit 9 Textabbildungen). S 17.—

1961 (S I Bd. 170):

Abel E. F., Über die Beziehungen mariner Fische zu Hartbodenstrukturen (mit 5 Textabbildungen). S 170–24, S 47.–

Eiselt Josef, Neubeschreibungen und Revision siphonostomer Cyclopoiden (Copepoda, Crust.) von der südlichen Hemisphäre nebst Bemerkungen über die Familie Artotrogidae Brady 1880 (mit 18 Textabbildungen). S 170–29, S 82.–

Gozmány L., Zoologische Ergebnisse der Mazedonienreisen Friedrich Kasys. III. Teil: Lepidoptera Gelechiidae. Eine neue Art der Gattung Eremica (mit 1 Textabbildung). S 170–28, S 5.–

Hannemann H. J., Zoologische Ergebnisse der Mazedonienreisen Friedrich Kasys. II. Teil Lepidoptera: Scythridae (mit 4 Textabbildungen). S 170–27, S 8.–

Petrovitz Rudolf, Zoologische Ergebnisse der Österreichischen Karakorum-Expedition 1958 II. Teil: Coleoptera: Scarabaeidae (mit 12 Textabbildungen). S 170–5, S 17.90

Starmühlner Ferdinand, Eine kleine Molluskenausbeute aus Nord- und Ostiran (mit 1 Text abbildung und 2 Tafeln). S 170–4, S 14.70

Toll Sergiusz, Zoologische Ergebnisse der Mazedonienreisen Friedrich Kasys. I. Teil: Lepidoptera Choleophoridae (mit 54 Textabbildungen und 1 Tafel). S 170–26, S 33.–

1962 (S I Bd. 171):

Beier Max, Zoologische Studien in West-Griechenland. X. Teil. Walter Klemm, Die Gehäuse schnecken (mit 1 Kartenskizze, 2 Abbildungen und 4 Tafeln) 171–7, S 55.–

Schedl Wolfgang Ein Beitrag zur Kenntnis der Pilzübertragungsweise bei xylomycetophage Scolytiden (Coleoptera) (mit 16 Abbildungen) 171–19, S 39.–

Alcyonarien-Sklerite aus dem Torton des Burgenlandes, Österreich

Von Edith Kristan-Tollmann

Mit 4 Tafeln

(Vorgelegt in der Sitzung am 24. Juni 1966)

Zusammenfassung

Aus tortonen Mergellagen im Leithakalk der Südostabdachung des Leithagebirges (Burgenland) wurde eine Alcyonarien-Fauna, bestehend aus fünf neuen Form-Arten, beschrieben. Die neuen Arten sind sämtlich den bereits bekannten zwei Form-Gattungen zuzuordnen. Hiermit konnten erstmals isolierte Sklerite von Alcyonarien im Tertiär Österreichs nachgewiesen werden. Diese bis jetzt zweitgrößte bekannte Suite von fossilen isolierten Alcyonarien-Skleriten zeigt keine Übereinstimmung mit der von M. Deflandre-Rigaud beschriebenen artenreichen Fauna aus dem Miozän von Australien.

Allgemeines

Isolierte Skelettelemente von Oktokorallen, insbesondere die häufiger erhaltenen Einzel-Sklerite, sind in der bisherigen paläontologischen Literatur recht stiefmütterlich behandelt worden. So wurden von jenen Ordnungen der Oktokorallen, welche isolierte kleine Sklerite (auch Skleren oder Spiculae) ausbilden, bisher nur fossile Sklerite von den Alcyonacea beschrieben. Aber auch von dieser Ordnung ist unsere Kenntnis isolierter Sklerite noch äußerst spärlich.

Die älteste Darstellung eines Einzelskleriten stammt von C. W. Gümbel, 1868, S. 608, Taf. 1, Fig. 10. Der dort noch zur Foraminiferen-Gattung *Lagena* gestellte und jetzt richtig mit dem Namen *Micralcyonarites synedrus* (GÜMBEL) zu bezeichnende Sklerit hat eozänes Alter. Das Auftreten dieser Form-Art in den Nummuliten-Mergeln von Traunthal, Kressenberg und Höllgraben in Bayern bezeichnete GÜMBEL als „ziemlich häufig".

Eine zweite Beschreibung und Abbildung von isolierten Alcyonarien-Skleriten findet sich bei PH. POČTA, 1886, S. 8, Taf. 1, Fig. 7, bzw. 1887, S. 17, Fig. 1. POČTA stellte diese aus der Ober-Kreide, dem Turon (Teplitzer Schichten) bei Koschtitz b. Laun, Böhmen, in ziemlicher Häufigkeit auftretenden Sklerite nach Vergleich mit rezenten Formen zur Alcyonarien-Gattung *Nephthya*. Somit handelt es sich hier um die erste Beschreibung solcher isolierter, in ihrer Stellung klar als zu den Alcyonarien gehörig erkannter Sklerite. Nach dem nun von M. DEFLANDRE-RIGAUD aufgestellten System (worauf später näher eingegangen wird) gilt für jene Sklerite der Name *Micralcyonarites cretaceus* (POČTA).

Zusammen mit ganzen Korallenkörpern der liassischen *Alcyonaria langenhani* HASSE bildete C. HASSE, 1890, Taf. 3, Fig. 9 und 10, auch zwei einzelne Sklerite dieser Art ab.

Bei diesen spärlichen Ansätzen ist es bis 1955 geblieben, als M. DEFLANDRE-RIGAUD eine erste größere Suite von isolierten Alcyonarien-Skleriten aus dem Miozän von Australien beschrieb. Frau M. DEFLANDRE-RIGAUD führte hierbei für die fossilen, nicht mehr im ursprünglichen Verband verbliebenen, sondern einzelnen Sklerite der Alcyonarien ein künstliches System ein. Nun erst besteht eine brauchbare Grundlage für die Beschreibung von Einzelskleriten und damit die Voraussetzung für ihre eventuelle Nutzbarmachung zu stratigraphischen Einstufungen. Die Schwierigkeit in der Determinierung isolierter Sklerite besteht nämlich darin, daß ähnlich den Holothurien die eingelagerten Skleren in ein und derselben Art je nach Lage in ganz verschiedenen Formen ausgebildet sind. Umgekehrt können manche Sklerite in ähnlicher Position von ganz verschiedenen Arten ähnliche Form und Skulptur aufweisen. Da nun im allgemeinen nur die Sklerite fossil erhaltungsfähig sind und man vor allem in Schlämmproben einzig auf isolierte Spiculae stößt, ist ihre Zuordnung zu natürlichen Arten bzw. Gattungen praktisch unmöglich. Ein künstliches System gibt hier erst dem Paläontologen die Möglichkeit, diese neue Gruppe in die Faunenbearbeitung mit einzubeziehen, wie es sich z. B. schon bei den Holothurien, Melanoskleritoiden usw. und ganz besonders bei den Conodonten als äußerst nützlich erwiesen hat. Da jedem Benützer des künstlichen Alcyonarien-Systems ja bewußt bleibt, welche Art von Form-genera und Form-species er vor sich hat, möchte ich schon darauf hinweisen, daß die Nomenklatur der

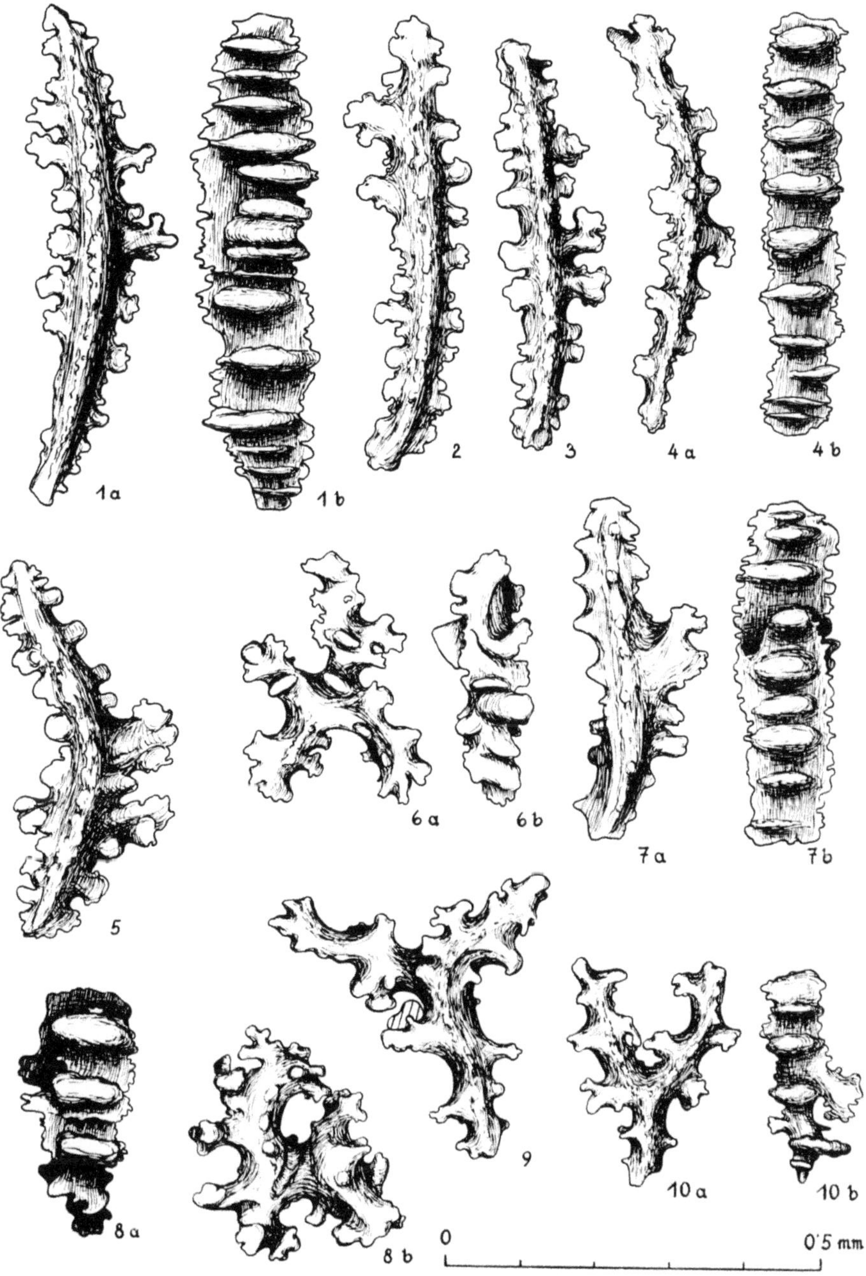
1a
1b
2
3
4a
4b
5
6a
6b
7a
7b
8a
8b
9
10a
10b
0
0'5 mm

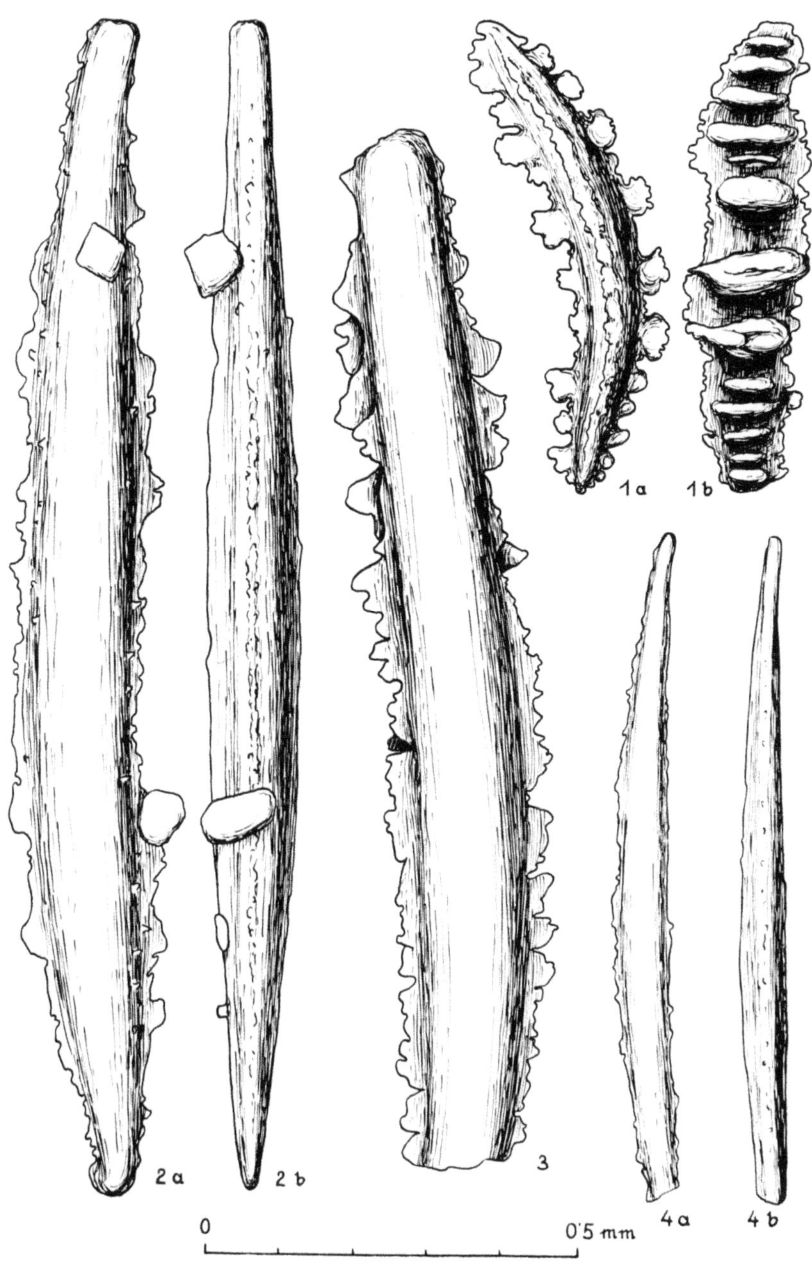
1a
1b
2a
2b
3
4a
4b
0
0'5 mm

natürlichen Systematik — wie auch bei anderen künstlichen Systemen, etwa jenem der Conodonten — auch bei den Alcyonarien Anwendung finden soll und nicht die von CRONEIS seinerzeit vorgeschlagene „militärische" Ordnung (durch welche ein künstliches System gekennzeichnet werden sollte). Frau M. DEFLANDRE-RIGAUD, welche ursprünglich für die künstliche Alcyonarien-Systematik das System CRONEIS vorgeschlagen hatte, ist übrigens nun auch selbst in ihrer englischen Übersicht 1957 zur usuellen Nomenklatur übergegangen. Auf Grund des bisher bekannten Materials hat sich M. DEFLANDRE-RIGAUD mit Recht auf die Aufstellung zweier Gattungen beschränkt.

Die vorliegende Arbeit stellt den zweiten Teil des mir von der Österreichischen Akademie der Wissenschaften aus Erträgnissen der Figdor-Stiftung subventionierten Vorhabens zur Bearbeitung der Holothurien- und Alcyonarien-Sklerite aus dem Torton des Burgenlandes dar (siehe KRISTAN-TOLLMANN, 1964). Der Österreichischen Akademie der Wissenschaften sei auch hier nochmals für die Subventionierung meiner Arbeit bestens gedankt. Besonderen Dank sagen möchte ich auch Herrn Prof. Dr. O. KÜHN für seine vielen wertvollen Hinweise und Ratschläge und das stets rege Interesse, das er dieser Arbeit entgegengebracht hat.

Die Fundpunkte

Das beschriebene Material stammt aus zwei Fundstellen, die beide in tortonen Sedimenten auf der SE-Abdachung des Leithagebirges liegen.

1. Der Hauptteil der Sklerite stammt vom Fundpunkt „Müllendorfer Kreidesteinbruch" am Äußeren Berg, NW Müllendorf, Burgenland. In dem mächtigen, kreidig verwandelten Leithakalk der Oberen Sandschalerzone fand sich in der Südwand des westlichen Teiles des Steinbruchgeländes, 2 m über der Austernbank, eine dm-mächtige Mergellinse, welche die Sklerite lieferte. Dies ist der gleiche Fundpunkt, aus dem auch die 1964 beschriebene Holothurien-Skleriten-Suite stammt. Als Lokation wurde damals „SE-Seite des Steinbruches . . ." angegeben. Nach der nunmehrigen beträchtlichen Ausweitung des Steinbruchgeländes befindet sich der Punkt heute im Westteil der Gesamtanlage. Das Gepräge dieser Mikrofauna ist bestimmt durch das bedeutende Überwiegen von *Amphiura? gigantiformis* KÜPPER, Holothurien-Skleriten und Alcyonarien-Skleren. Alle übrigen Elemente, auch die Foraminiferen, treten gegenüber diesen Gruppen in den Hintergrund.

Die Zusammensetzung dieser Fauna wurde 1964, S. 77 und 80, angeführt.

Im gleichen Steinbruchgelände wurde nunmehr im Ostabschnitt, und zwar diesmal 2 m unter der Austernbank, beim Vortrieb des Steinbruches eine weitere, 1 cm dünne und 0,5 m breite Mergellinse freigelegt. Gemeinsam mit der Mikrofossilführung der ersten, oben erwähnten Mergellinse ist die Häufigkeit von *Amphiura? gigantiformis* KÜPPER und bestimmten Seichtwasserforaminiferen. Während Holothurien-Sklerite hier gänzlich fehlen, konnte von Alcyonarien doch eine Art (*Micralcyonarites lanceolatus*) durch Sklerite nachgewiesen werden. Im einzelnen enthält die Mikrofauna dieser zweiten Linse folgende Elemente:

Cornuspira sp.
Elphidium crispum L.
Nonion sp.
Cibicides sp.
Amphistegina haueri d'ORB.
Loxoconcha hastata (RSS.)
Cytherella dilatata RSS.
Hemicythere punctata (MÜNSTER)
Micralcyonarites lanceolatus n. sp.
Bryozoen
Schwammnadeln
Amphiura? gigantiformis KÜPPER — Lateral-, Ventral-, Dorsalplatten, Wirbel, Stacheln
Seeigel-Stacheln, -Platten, -Gehäuse und Teile der Mundwerkzeuge
Muschelbrut

Auf das Biotop, in dem die hier beschriebenen Alcyonarien gelebt haben, läßt die Biofazies des Nebengesteins, des „gewachsenen" Leithakalkes, folgende Schlüsse zu: Auf Grund des Lithothamnienreichtums handelt es sich um ein sehr seichtes (Meterbereich), auf Grund des reichlichen Organodetritus um küstennahes Bewegtwasser, zufolge der in den Leithakalken eingeschalteten Stockkorallen (*Orbicella reussiana* M. E. & H.) und bestimmter Elemente der übrigen Makrofauna um ein vollmarines Milieu in heißer Klimazone.

Der Erhaltungszustand der Alcyonarien-Sklerite ist ebenso wie der sämtlicher anderer Mikrofossilien sowie auch des Nebengesteins, des Leithakalkes, durch eine kreidige Beschaffenheit gekennzeichnet. Diese kreidige Konsistenz ist aber einer sekundären Umwandlung zuzuschreiben.

2. Die zweite Fundstelle befindet sich am Südfuß des Burgstalls, NE von Eisenstadt. Dort wurde bei einer Brunnengrabung kurzfristig eine Leithakalkserie mit sandig-mergeligen Zwischenlagen freigelegt, aus der A. TOLLMANN die alcyonariensklerithältige Probe entnommen hat. Da keine zureichende Begleitfauna zur genaueren Alterseinstufung vorhanden war, kann aus den umgebenden Leithakalken nur auf ein tieferes bis mittleres Torton geschlossen werden. Die Lage des Fundpunktes ist auf der geologischen Karte A. TOLLMANN 1955 unter der Nummer 628 ersichtlich. Insgesamt enthielt die Probe nur drei Sklerite von *Micralcyonarites horridus* n. sp.

Die bisher größte Alcyonarien-Fauna wurde von M. DEFLANDRE-RIGAUD aus dem Mittel-Miozän von Australien beschrieben. Im Vergleich dieser mittelmiozänen mit der hier beschriebenen obermiozänen Fauna ist zu vermerken, daß keine unserer fünf Arten in der wesentlich artenreicheren Fauna von Australien wieder zu finden ist.

Systematische Beschreibung

Ordnung Alcyonacea LAMOUROUX, 1816

Form-Genus: *Micralcyonarites* DEFLANDRE-RIGAUD, 1955

Micralcyonarites kuehni n. sp.

(Taf. 1, Fig. 1—10; Taf. 2, Fig. 1).

Derivatio nominis: Nach Prof. Dr. O. KÜHN — dem auch um die Erforschung der österreichischen Miozän-Korallen verdienten Forscher — benannt.

Holotypus: Taf. 1, Fig. 1.

Aufbewahrung: Sammlung KRISTAN-TOLLMANN, V 1, Geologisches Institut der Universität Wien.

Locus typicus: SE-Seite des Steinbruches der „Burgenländischen Kreide-AG", 150 m SW Kote 334, „Äußerer Berg"-Westseite, 1,8 km NW Müllendorf im Burgenland.

Stratum typicum: Miozän, Mittel-Torton, Sandschalerzone; Mergellinse in kreidigem Leithakalk.

Material: Sehr zahlreiche Exemplare in kreidigem Erhaltungszustand.

Diagnose: Eine Art der Gattung *Micralcyonarites* DEFLANDRE-RIGAUD, 1955 mit folgenden Besonderheiten: Sklerite einfach gekrümmt-nadelförmig bis mehrfach verzweigt. Im Querschnitt vierkantig durch zwei Dornen-Längsreihen und zwei Zacken-Längsreihen. Die seitlichen, robusten, oft verzweigten Dornen sind im Querschnitt — auf der Breitseite des Sklerits — länglich, elliptisch.

Beschreibung: Die Sklerite sind vorwiegend in Form einfacher, an den Enden zugespitzter, leicht gekrümmter Nadeln ausgebildet, aber auch verzweigt und zuweilen gänzlich in mehrästige Gebilde aufgelöst. Übergänge zu den stark verzweigten Skleriten zeigen sich bei jenen Nadeln, wo die seitlichen Dornen sich schon zu kleinen seitlichen Ästchen ausgeweitet haben (vgl. Taf. 1, Fig. 5 und 7). Die Verästelung kann einfach sein, so daß dreiästige Skleren entstehen, wie Fig. 9 und 10, oder doppelt, was zu vierästigen Skleriten führt (Fig. 6 und 8). Die einzelnen Ästchen können durch stärkere Ausbildung ihrer seitlichen Dornen abermals Ansätze zu Verzweigungen aufweisen. Hervorzuheben ist, daß auch die stark verzweigten Sklerite ihre Ästchen mehr oder weniger in einer Ebene, also sozusagen „zweidimensional" angeordnet haben. Allerdings können einzelne Ästchen verdreht und die Dornen dann nicht nur auf der Breitseite, sondern auch vereinzelt auf der Schmalseite ausgebildet sein, wie das Beispiel Fig. 6 von Taf. 1 zeigt. Die Sklerite wirken von oben gesehen schmal und flach, sind aber tatsächlich hoch, und von der Seite gesehen sehr breit (siehe Taf. 1, Fig. 1, und Taf. 2, Fig. 1). Ihr Querschnitt ist vierkantig: An zwei Längsseiten finden sich kräftige Dornen entwickelt, die beiden anderen Längskanten sind mit einer Reihe von scharfen Zacken — oft aus Kalzitkristallen — besetzt. Die oft weit abstehenden, robusten Dornen sind vorwiegend gezackt, weiter verzweigt und haben auf der Breitseite des Sklerits eine längliche Gestalt, indem sie meist von einer Zackenkante zur anderen reichen (vgl. Taf. 1, Fig. 1b, 4b, 7b usw.). Die Sklerite sind in kreidigen, weißen, undurchsichtigen Kalk umgewandelt.

Maße des Holotypus: Länge 0,65 mm, größte Breite ohne Dornen von oben (Schmalseite) 0,08 mm, größte Breite von der Seite (Breitseite) 0,17 mm.

Beziehungen: Diese Art ist mit keiner der von M. DEFLANDRE-RIGAUD aus dem Balcombien, Mittel-Miozän von Australien beschriebenen Arten zu vergleichen. Obwohl M. DEFLANDRE-RIGAUD leider keine Abbildungen der Seitenansicht der Sklerite gibt, ist doch aus der Beschreibung und den Fotos klar zu entnehmen, daß diese Art mit keiner der dortigen übereinstimmt. Auch von den wenigen übrigen bekannten fossilen dargestellten Skleriten ist diese Art klar unterschieden.

Micralcyonarites lanceolatus n. sp.

(Taf. 2, Fig. 2—4)

Derivatio nominis: Nach der lanzettförmigen Gestalt.

Holotypus: Taf. 2, Fig. 2.

Aufbewahrung: Sammlung KRISTAN-TOLLMANN, V 2, Geologisches Institut der Universität Wien.

Locus typicus: SE-Seite des Steinbruches der „Burgenländischen Kreide-AG", 150 m SW Kote 334, „Äußerer Berg"-Westseite, 1,8 km NW Müllendorf im Burgenland.

Stratum typicum: Miozän, Mittel-Torton, Sandschalerzone; Mergellinse in kreidigem Leithakalk.

Material: Einige Exemplare in kreidigem Erhaltungszustand.

Diagnose: Eine Art der Gattung *Micralcyonarites* DEFLANDRE-RIGAUD, 1955 mit folgenden Besonderheiten: Einfache, glatte, flache, leicht gekrümmte, nadelförmige Sklerite mit verschmälerten, mehr oder minder stumpf gerundeten Enden und beidseitigem Längssaum von Zacken aus Kalzitkristallen.

Beschreibung: Sklerite in Form einfacher, flacher, leicht gekrümmter, an beiden Enden stumpf gerundeter, verschmälerter Nadeln ausgebildet. Von oben gesehen, von der flachen Breitseite, zeigt sich an beiden Rändern ein Zackensaum aus größeren oder kleineren Kalzitkristallen. Fig. 4 von Taf. 2, eine kleine, gebrochene Nadel, hat z. B. nur wenige und kleine Kristalle am Seitensaum ausgebildet, Fig. 3 hingegen zeigt eine Reihe stark entwickelter Kalzitkristalle. Der Zackensaum des Holotypus Fig. 2 stellt in seiner Größenentwicklung ein Mittel zwischen den beiden anderen abgebildeten Skleriten dar. Der größere Teil der übrigen noch vorhandenen Sklerite hat einen dem Holotypus gleichenden Zackensaum, einige Exemplare aber haben ihn auch stärker entwickelt, wie Fig. 3. Außer diesem Saum sind die Sklerite glatt. Von der Seite gesehen sind die Sklerite dieser Art schmal. Sie wurden in kreidigen, weißen, undurchsichtigen Kalk umgewandelt, mit Ausnahme der Kristalle vom Zackensaum, die bisweilen noch klar durchscheinend sind.

Maße des Holotypus: Länge 1,51 mm, Breite von oben 0,20 mm, Breite von der Seite 0,12 mm.

Beziehungen: Diese Art ist ebenfalls, so wie *M. kuehni*, mit keiner der bisher fossil bekannt gewordenen Arten vergleichbar.

Micralcyonarites prionodes n. sp.
(Taf. 3, Fig. 1—7)

Derivatio nominis: prionodes (griech.) = sägeförmig.

Holotypus: Taf. 3, Fig. 4.

Aufbewahrung: Sammlung KRISTAN-TOLLMANN, V 3, Geologisches Institut der Universität Wien.

Locus typicus: SE-Seite des Steinbruches der „Burgenländischen Kreide-AG", 150 m SW Kote 334, „Äußerer Berg"-Westseite, 1,8 km NW Müllendorf im Burgenland.

Stratum typicum: Miozän, Mittel-Torton, Sandschalerzone; Mergellinse in kreidigem Leithakalk.

Material: Etliche Exemplare in schwach kreidigem Erhaltungszustand.

Diagnose: Eine Art der Gattung *Micralcyonarites* DEFLANDRE-RIGAUD, 1955 mit folgenden Besonderheiten: Kleine einfache manchmal auch verzweigte, leicht gekrümmte, nadelförmige Sklerite mit mäßig zugespitzten Enden und beidseitigem Längssaum von Stacheln.

Beschreibung: Die Sklerite haben meist eine einfache, längliche, leicht gekrümmte, an den Enden schwach zugespitzte, nadelige Form. Der Querschnitt ist rundlich, doch wirken die Sklerite von oben gesehen ganz flach und breit durch die seitlichen Längsreihen von Stacheln. Diese randlichen Stacheln sind zart, von rundlichem Querschnitt, an zwei Seiten der Skleren in einer Linie, mit etwas unregelmäßigem, nicht zu engem Abstand angeordnet und an ihrer Spitze häufig gezackt bzw. verzweigt. Von der Seite (Schmalseite) gesehen sind die Skleren randlich ebenfalls mit sehr unregelmäßig angeordneten, oft nur äußerst sporadisch auftretenden, kleinen, zarten Stacheln besetzt. Selten sind die Sklerite auch verzweigt, wie die Figuren 5 und 7 auf Taf. 3 veranschaulichen. Die einzelnen Äste bleiben hierbei in der gleichen Ebene. Die Sklerite sind undurchsichtig, weiß und etwas kreidig.

Maße des Holotypus: Länge 0,67 mm, größte Breite von oben (mit Stacheln) 0,16 mm, größte Breite von der Seite 0,11 mm.

Beziehungen: Ähnlichkeit besteht zu den Skleriten *Micralcyonarites kuehni* n. sp. aus dem gleichen Fundpunkt, und man könnte sich auch gut vorstellen, daß sowohl *M. kuehni* als auch diese Form-Art hier ein und derselben natürlichen Art angehören, aus deren verschiedenen Regionen die beiden verschiedenen Skleren-Typen stammen. Nachweisen läßt sich jedoch eine solche Zusammengehörigkeit aus dem hier isolierten Material keineswegs.

Ganz im Gegenteil stellen beide Gruppen trotz gewisser Ähnlichkeiten nach dem von M. DEFLANDRE-RIGAUD aufgestellten künstlichen System zwei durchaus klar trennbare und für sich berechtigte, selbständige Arten dar.

M. prionodes unterscheidet sich von *M. kuehni* 1. in der Gesamtform: *M. kuehni* ist von oben schmal und von der Seite breit, bei *M. prionodes* ist es umgekehrt; ferner bleiben die Sklerite von *M. kuehni* in Seitenansicht bis zur Spitze gleich breit durch nahezu parallele (Stachel-) Kanten, wohingegen sich die Enden bei *M. prionodes* auch in Seitenansicht etwas zuspitzen; 2. in der Gestaltung der seitlichen Dornen: Bei *M. kuehni* haben die Dornen einen länglichen Querschnitt, welcher im allgemeinen von Sklerit-Kante zu Kante reicht, während die viel zarteren Dornen von *M. prionodes* nur von rundlichem, kleinem Querschnitt sind.

Zu den von M. DEFLANDRE-RIGAUD aus dem Miozän beschriebenen Skleriten besteht keine Ähnlichkeit.

Micralcyonarites horridus n. sp.
(Taf. 3, Fig. 8; Taf. 4, Fig. 1, 2)

Derivatio nominis: horridus (lat.) — nach der rauhen, stacheligen Oberfläche.

Holotypus: Taf. 4, Fig. 1.

Aufbewahrung: Sammlung KRISTAN-TOLLMANN, V 4, Geologisches Institut der Universität Wien.

Locus typicus: Brunnen am S-Rand des Burgstall, 500 m S vom Gipfel (Kote 305), 1,5 km NE Eisenstadt, Burgenland.

Stratum typicum: Miozän, tieferes bis mittleres Torton; sandigmergelige Zwischenlage im Leithakalk.

Fundort des Paratypoides Fig. 8 von Taf. 3: SE-Seite des Steinbruches der „Burgenländischen Kreide-AG", 150 m SW Kote 334, „Äußerer Berg"-Westseite, 1,8 km NW Müllendorf im Burgenland; Miozän, Mittel-Torton, Sandschalerzone; Mergellinse in kreidigem Leithakalk.

Material: Drei Exemplare vom Locus typicus, ein Exemplar vom Fundpunkt „Müllendorf".

Diagnose: Eine Art der Gattung *Micralcyonarites* DEFLANDRE-RIGAUD, 1955 mit folgenden Besonderheiten: Dickere, an den Enden rasch zugespitzte, leicht gebogene, spindelförmige Sklerite mit gerundet-elliptischem Querschnitt und mit rundum in großen, unregelmäßigen Abständen angeordneten, kleinen, kurzen, rundlichen Stacheln.

Beschreibung: Die spindelförmigen, leicht gebogenen, mitteldicken Sklerite haben einen rundlichen, seitlich etwas abgeflachten Querschnitt. In Seitenansicht sind sie nämlich etwas schmäler als von oben gesehen. An den Skleriten mit gut erhaltenen, nicht abgeriebenen Enden läßt sich erkennen, daß sich die Enden ziemlich rasch zu einer scharfen Spitze verjüngen. Die Sklerite sind rundum mit kleinen, zarten oder gröberen, rundlichen Stacheln besetzt, die wahllos in ziemlich großen Abständen angeordnet sind. Der Sklerit Fig. 2 von Taf. 4 ist ziemlich abgerieben, so daß meist nur mehr die Stümpfe der Stacheln erhalten blieben. Ähnlich verhält es sich mit dem Sklerit Fig. 8 von Taf. 3 aus dem Fundort „Müllendorf“, der außerdem etwas gröbere Stacheln hat, so wie ein dritter, hier nicht abgebildeter Skleritrest aus dem Material „Burgstall“. Die Sklerite beider Fundpunkte sind kreidig-weiß und nicht durchscheinend.

Maße des Holotypus: Länge 1,09 mm, Breite von oben (mit Stacheln) 0,25 mm.

Beziehungen: Die Beschreibung dieser Art stützt sich auf vier Exemplare von Skleriten, von denen drei aus dem tieferen bis mittleren Torton („Burgstall“) und eines aus dem Mittel-Torton („Müllendorf“) stammen. Die Sklerite gehören zu ein und derselben Art nach der äußeren Form (vergleiche die beiden Figuren 1, Taf. 4 und Fig. 8, Taf. 3) und auch nach Ausbildung und Anordnung der Stacheln. Zwar sehen die Stacheln von Fig. 8, Taf. 3 robuster und gröber aus, was jedoch größtenteils darauf zurückzuführen ist, daß hier nur mehr die abgeriebenen Stachelstümpfe erhalten blieben (ähnlich der Spitze von Fig. 1, Taf. 4), und außerdem fand sich im Material von „Burgstall“ ein Sklerit-Bruchstück, das die gleiche, durch den Erhaltungszustand bedingte gröbere Bestachelung aufweist wie das Exemplar von „Müllendorf“.

Vergleichbare Sklerite aus dem miozänen Material von Australien (DEFLANDRE-RIGAUD) finden sich unter den Arten *Micralcyonarites vulgaris* und *M. perverrucosus*. Die Sklerite von *M. vulgaris* DEFL.-RIG. aber sind durchwegs viel dünner, schlanker, und die stumpfen Enden verjüngen sich nur ganz allmählich. *Micralcyonarites perverrucosus* DEFL.-RIG. hinwiederum hat viel dickere Sklerite mit einer starken Bedornung. Die Stacheln stehen viel enger beisammen und sind außerdem warzig.

Gegenüber der kretazischen Art *Micralcyonarites cretaceus* (POČTA) ergeben sich folgende Unterschiede: Die kretazischen Sklerite sind etwas plumper und dicker, ihre Bestachelung ist wesentlich dichter, die einzelnen Höcker sind größer, breiter,

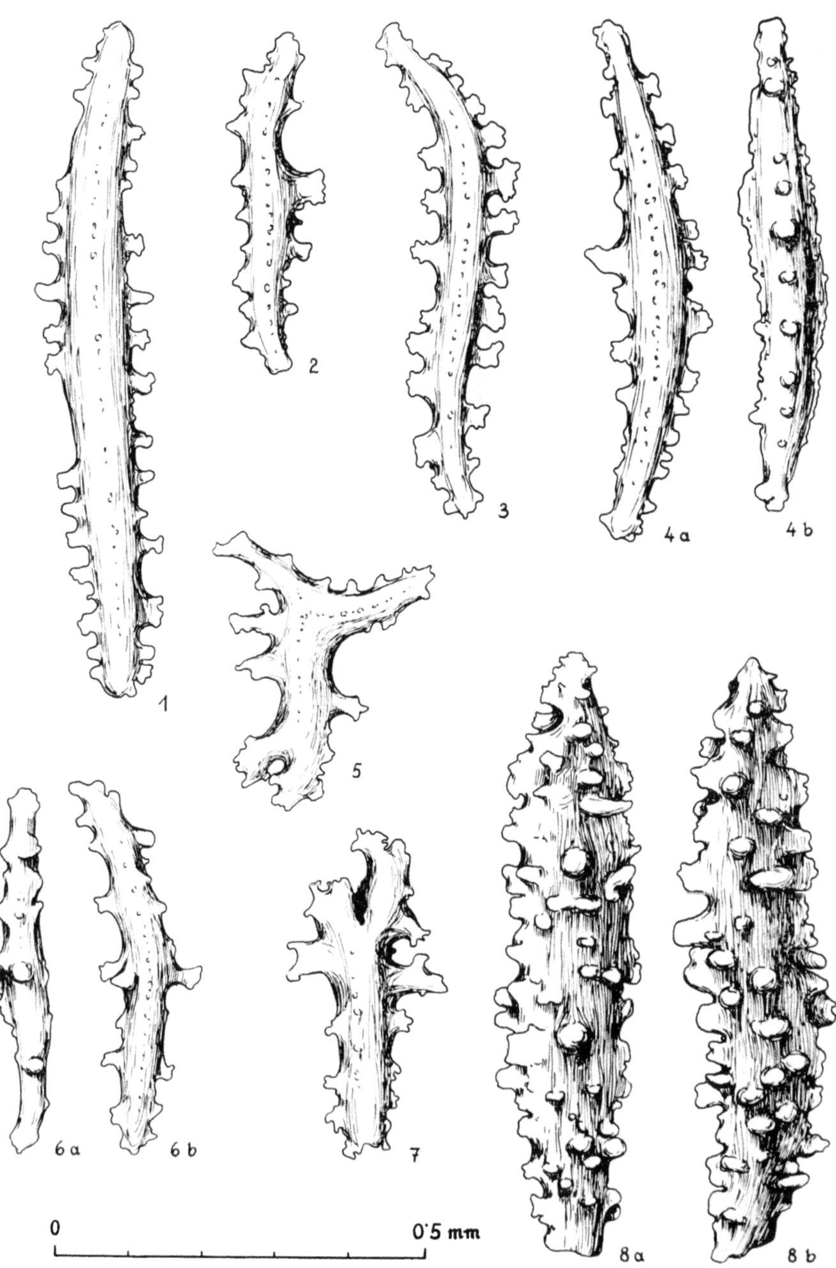
1
2
3
4a
4b
5
6a
6b
7
8a
8b
0
0'5 mm

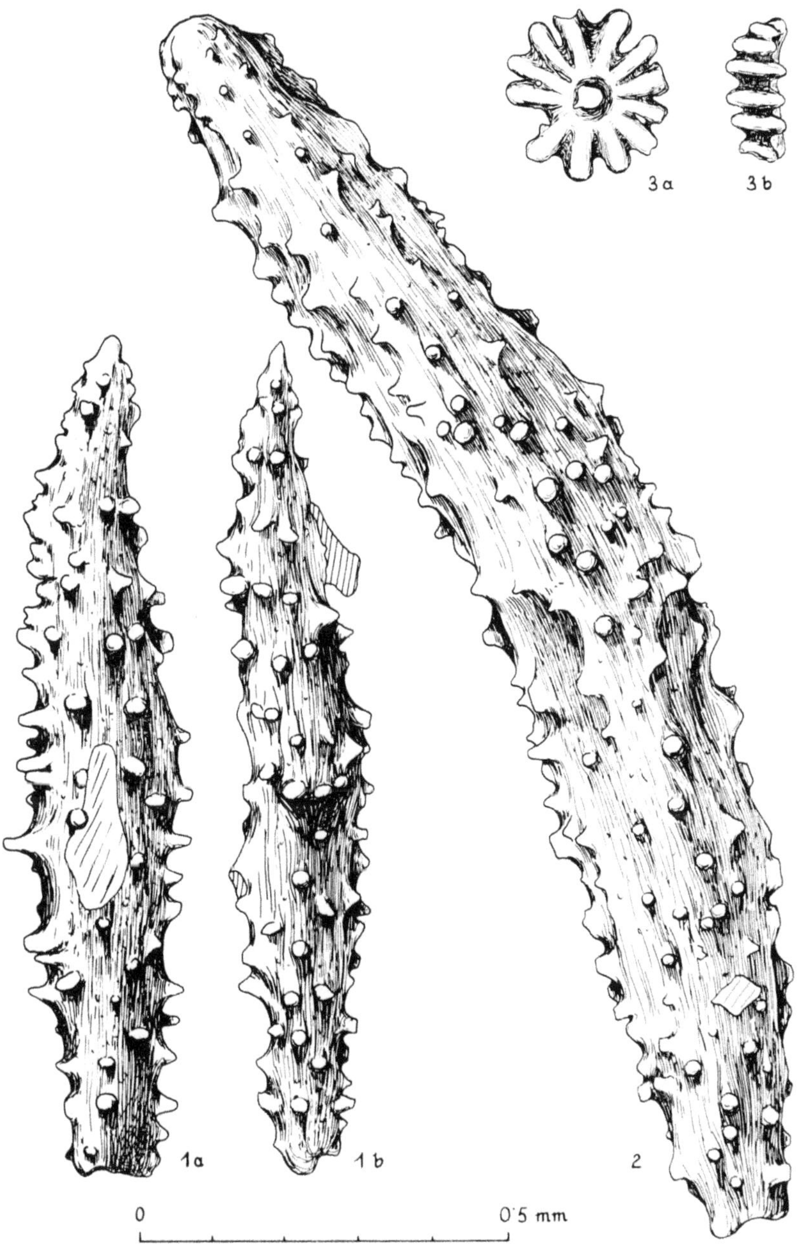
3 a
3 b
1 a
1 b
2
0
0'5 mm

meist sogar im Querschnitt länglich und nach POČTA an ihrem Ende meist in einige kleine Warzen geteilt. Die Stacheln von *M. horridus* hingegen sind klein, zart, rundlich und nur ganz ausnahmsweise unterteilt.

Genus: *Neanthozoites* DEFLANDRE-RIGAUD, 1956

Neanthozoites aster n. sp.

(Taf. 4, Fig. 3)

Derivatio nominis: aster (griech.) = Stern.

Holotypus: Taf. 4, Fig. 3.

Aufbewahrung: Sammlung KRISTAN-TOLLMANN, V 5, Geologisches Institut der Universität Wien.

Locus typicus: SE-Seite des Steinbruches der „Burgenländischen Kreide-AG", 150 m SW Kote 334, „Äußerer Berg"-Westseite, 1,8 km NW Müllendorf im Burgenland.

Stratum typicum: Miozän, Mittel-Torton, Sandschalerzone; Mergellinse in kreidigem Leithakalk.

Material: Ein Exemplar.

Diagnose: Eine Art der Gattung *Neanthozoites* DEFLANDRE-RIGAUD, 1956 mit folgenden Besonderheiten: Stark gezackter Außenrand. Die Zacken setzen sich als radiale, hochgewölbte Rippen bis zum zentralen Ringwulst der verdickten Mitte fort, ferner sind die Zackenspitzen nach unten zu verbreitert und zur Unterseite herabgezogen.

Beschreibung: Rundliches Plättchen mit großem Zentralloch und stark ausgezacktem Rand. Die Oberseite ist konvex mit verdickter Mitte, die Unterseite ist flach, wirkt jedoch konkav durch die randlich herabgezogenen und verlängerten Zacken. Das Plättchen wirkt daher, von der Seite betrachtet, ziemlich dick. Das eine vorhandene Plättchen hat 12 Zacken, welche z. T., durch den schlechten Erhaltungszustand bedingt, ausgebrochen sind. An ganz erhaltenen Zacken ist das wohlgerundete Ende erkennbar. Die Zacken sind auf der Oberseite hochgewölbt und setzen sich als hohe Rippen bis fast zum Zentralloch fort. Um das Zentralloch verläuft ein schmaler Ringwulst, der zum Lochrand eingesunken ist. Zwischen den nicht ganz regelmäßig angelegten Rippen verlaufen radial in der Breite und Tiefe leicht variierende Nähte. Wie schon oben erwähnt, sind die Spitzen der Zacken auch nach unten herabgebogen und schließen hier ebenfalls mit einem gerundeten Zackenrand ab (vgl. Taf. 4, Fig. 3b). Der Sklerit ist sehr klein und zart und undurchscheinend weiß infolge kreidiger Umwandlung.

Maße des Holotypus: Durchmesser 0,23 mm, Breite des Außenrandes 0,08 mm.

Beziehungen: Mit den bisher bekannten fossilen Vertretern dieser Formengruppe besteht keine Übereinstimmung.

Literatur

ALLOITEAU, J.: Sous-classes des Alcyonaria. In: PIVETEAU, J., Traité de paléontologie. — Vol. 1, 408—417, Masson et Cie, Paris 1952.

DEFLANDRE-RIGAUD, M.: Les sclérites d'Alcyonaires fossiles. Éléments d'une classification. — Ann. Paléontologie *42*, 1—24, Taf. 1—4, Paris 1956.

— A classification of fossil alcyonarian sclerites. — Micropaleontology, *3*, 4, 357—366, Taf. 1—2, New York 1957.

GÜMBEL, C. W.: Beiträge zur Foraminiferenfauna der nordalpinen Eocängebilde. — Abh. K. Bayer. Akad. Wiss. II. Cl., *10*, 2, 579—730, Taf. 1—4, München 1868.

HASSE, C.: Fossile Alcyonarien. — Neues Jb. Min. etc. 1890, *II*, 59—65, 1 Taf., Stuttgart 1890.

KRISTAN-TOLLMANN, E.: Holothurien-Sklerite aus dem Torton des Burgenlandes, Österreich. — Sitz.-Ber. Österr. Akad. Wiss., math.-nat. Kl., *173*, 75—100, 9 Taf., Wien 1964.

KÜHN, O.: Unsere paläontologische Kenntnis vom österreichischen Jungtertiär. — Verh. Geol. B. A., 1952, Sonderh. C, 114—126, Wien 1952.

MÜLLER, A. H.: Lehrbuch der Paläozoologie II, 1, Protozoa—Mollusca I. — VEB Gustav Fischer, Jena 1963.

POČTA, PH.: Über fossile Kalkelemente der Alcyoniden und Holothuriden und verwandte recente Formen. — Sitz.-Ber. Österr. Akad. Wiss., math.-nat. Kl., Abt. I, *92*, 1885, 7—12, Taf. 1, Wien 1886.

— Die Anthozoen der böhmischen Kreideformation. — Abh. Böhm. Ges. Wiss., 7, *2*, 1—60, 2 Taf., 29 Fig., Prag 1887.

POKORNY, V.: Grundzüge der Zoologischen Mikropaläontologie II. — VEB Deutsch. Verl. Wiss. Berlin 1958.

TOLLMANN, A.: Das Neogen am Nordwestrand der Eisenstädter Bucht. — Wiss. Arb. Burgenland, *10*, 75 S., 7 Abb., 3 Taf., 8 Tab., Eisenstadt 1955.

ZUFFARDI-COMERCI, R.: Di una nuova forma di Alcionaria fossile della Collina di Torino. — Boll. Soc. Geol. Ital., *48*, 2, 275—280, Taf. 5, 1929.

— Su alcuni Corallari terziari della Cirenaica e della Tripolitania orientale. — Reale Accad. Italia, Viaggi stud. esplor., 18 S., 1 Tab., 1 Taf., Roma 1934.

Erläuterungen zu den Tafeln

Tafel 1

Fundort: Müllendorf. Mittel-Torton, Sandschalerzone.
Fig. 1—10: *Micralcyonarites kuehni* n. sp., S. 133
Fig. 1: Holotypus. 1a: von oben (Schmalseite). 1b: von der Seite (Breitseite). Fig. 1—4: nadelförmige Sklerite. Fig. 5 und 7: leicht verzweigte, Fig. 6, 8—10: stark verzweigte Sklerite ein und derselben Art.

Tafel 2

Fundort: Müllendorf. Mittel-Torton, Sandschalerzone.
Fig. 1: *Micralcyonarites kuehni* n. sp., S. 133
Fig. 2—4: *Micralcyonarites lanceolatus* n. sp., S. 135
Fig. 2: Holotypus.
Fig. 3: mit stark ausgebildetem Längssaum aus Kalzitkristallen.
Fig. 4: mit nur wenig ausgebildetem Zackensaum.

Tafel 3

Fundort: Müllendorf. Mittel-Torton, Sandschalerzone.
Fig. 1—7: *Micralcyonarites prionodes* n. sp., S. 136
Fig. 4: Holotypus, a: von vorne, b: in Seitenansicht.
Fig. 1—4 und 6 sind nadelförmige, Fig. 5, 7 verzweigte Sklerite ein und derselben Art.
Fig. 8: *Micralcyonarites horridus* n. sp., S. 137

Tafel 4

Fundort: Fig. 1—2: Burgstall. Torton.
Fig. 3: Müllendorf. Mittel-Torton, Sandschalerzone.
Fig. 1—2: *Micralcyonarites horridus* n. sp., S. 137
Fig. 1: Holotypus. Fig. 2: stärker korrodiert.
Fig. 3: *Neanthozoites aster* n. sp., S. 139
Holotypus; Ansicht a von oben, b von der Seite (flache Unterseite rechts).

Die in den Sitzungsberichten Abtlg. I und Abtlg. II der math.-nat. Klasse der Österr. Ak. d. Wiss. erscheinenden Abhandlungen werden auch einzeln abgegeben. Sie können durch jede Buchhandlung oder direkt durch die Auslieferungsstelle der Österreichischen Akademie der Wissenschaften (Wien I, Singerstraße 12) bezogen werden.

Nachfolgende Abhandlungen aus dem Fache **Botanik** (Biologie) sind erschienen:

1957 (S I Bd. 166):

Politis J.: Über die „Tanninoplasten" oder Gerbstoffbildner der Crassulaceae (mit 2 Textabbildungen und 1 Tafel). S 6.—

Politis J.: Über einen neuen Pflanzenfarbstoff in den Blüten einiger Verbascum-Arten (mit 2 Tafeln). S 5.20

Übeleis Ilse: Osmotischer Wert, Zucker- und Harnstoffpermeabilität einiger Diatomeen (mit 1 Textabbildung). S 30.40

1958 (S I Bd. 167):

Höfler Karl: Permeabilitätsstudien an Parenchymzellen der Blattrippe von Blechnum spicant (mit 5 Textabbildungen). S 45.—

Rechinger K. H., Dulfer H. und Patzak A.: Širjaevii fragmenta astragalogica IV. S 38.10

Url Walter: Zur Wirkung der Atmungsgifte Natriumazid und Dinitrophenol auf die Permeabilität von Blechnum spicant-Zellen (mit 3 Textabbildungen). S 25.—

Wawrik Friederike: Hochgebirgs-Kleingewässer im Arlberggebiet III (mit 3 Textabbildungen und 1 Tafel). S 18.90

1959 (S I Bd. 168):

Biebl Richard: Röntgenstrahlenwirkungen auf Commelinaceenstecklinge (Total- und Partialbestrahlungen) (mit 9 Tabellen und 5 Textabbildungen). S 31.20

Höfler Karl: Über die Gollinger Kalkmoosvereine (mit 1 Textabbildung und 1 Tafel). S 34.50

Höfler Karl und Fetzmann Elsa Leonore: Algen-Kleingesellschaften des Salzlackengebietes am Neusiedler See I (mit 1 Tafel). S 21.50

Hustedt Friedrich: Die Diatomeenflora des Salzlackengebietes im österreichischen Burgenland (mit 31 Textabbildungen und 1 Tafel). S 53.90

Luhan Maria: Zur Wurzelanatomie unserer Alpenpflanzen. IV. Compositae (mit 9 Textabbildungen und 4 Tafeln). S 36.90

Pfoser Karl: Vergleichende Versuche über Verholzungsreaktionen und Fluoreszenz (mit 2 Textabbildungen und 2 Tafeln). S 18.70

Rechinger K. H., Dulfer H. und Patzak A.: Širjaevii fragmenta astragalogica. S 29.40

Wendelberger Gustav; Die Vegetation des Neusiedler See-Gebietes. S 7.20

1960 (S I Bd. 169):

Bolay Erika: Die Vitalfärbung voller Zellsäfte und ihre cytochemische Interpretation (mit einer Textabbildung und 5 Tafeln). S 49.—

Ehrendorfer F.: Neufassung der Sektion Lepto-Galium Lange und Beschreibung neuer Arten und Kombinationen (zur Phylogenie der Gattung Galium, VII). S 12.—

Franz Gertrude: Die Mikroflora einiger Standorte im Leithagebirge in ihrer Abhängigkeit von Boden und Vegetationsdecke (mit 22 Textabbildungen). S 88.—

Pruzsinszky S.: Über Trocken- und Feuchtluftresistenz des Pollens (mit 12 Abbildungen auf 6 Tafeln). S 63.40

1961 (S I Bd. 170):

Fetzmann Elsalore, Vegetationsstudien im Tanner Moor (Mühlviertel, Oberösterreich) (mit 2 Textabbildungen und 2 Tafeln). S 170–3, S 23.–

Pruzsinszky Siegfried und Url Walter, Ein Beitrag zur Desmidiaceenflora des Lungaues. S 170–1, S 9.–

Rechinger K. H., Dufler H. und Patzak A., Širjaevii fragmenta astragalogica XIII. bis XVII. Teil. S 170–2, S 56.–

1962 (S I Bd. 171):

Niklfeld Harald, Über die Pflanzengesellschaften der Fels- und Mauerspalten Südfrankreichs (mit 1 Textabbildung und 1 Falttabelle) 171–23, S 52.–

Url Walter, Permeabilitätsversuche an Stengelepidermiszellen von Gentiana germanica und Gentiana ciliata (mit 3 Textabbildungen) 171–16, S 40.–

GPSR Compliance
The European Union's (EU) General Product Safety Regulation (GPSR) is a set of rules that requires consumer products to be safe and our obligations to ensure this.

If you have any concerns about our products, you can contact us on

ProductSafety@springernature.com

In case Publisher is established outside the EU, the EU authorized representative is:

Springer Nature Customer Service Center GmbH
Europaplatz 3
69115 Heidelberg, Germany

www.ingramcontent.com/pod-product-compliance
Ingram Content Group UK Ltd.
Pitfield, Milton Keynes, MK11 3LW, UK
UKHW021928190726
13853UKWH00002B/912

* 9 7 8 3 6 6 2 2 4 5 8 7 3 *